用豆腐、豆渣、豆浆、油豆腐做点心

好味豆腐：低卡甜点开心吃

［日］铃木理惠子　著

图书在版编目（CIP）数据

好味豆腐：低卡甜点开心吃 /（日）铃木理惠子著；梁华译．-- 北京：华夏出版社，2019.3

（美味豆腐甜品系列）

ISBN 978-7-5080-9675-9

Ⅰ．①好… Ⅱ．①铃… ②梁… Ⅲ．①豆腐－菜谱 Ⅳ．① TS972.123.3

中国版本图书馆 CIP 数据核字 (2019) 第 015056 号

TOUFU DE TSUKURU HEALTHY SWEETS

by RIEKO SUZUKI

Creative Staff

Art direction / Design：大橋 義一（Gad Inc.）

Photograph：石川 登

Edition / Writing：磯山 由佳

監修：一般財団法人　全国豆腐連合会

協力：日本豆腐協会

好味豆腐：低卡甜点开心吃

作　　者	［日］铃木理惠子	版　　次	2019 年 3 月北京第 1 版 2019 年 3 月北京第 1 次印刷
译　　者	梁　华	开　　本	787 × 1092　1/16
责任编辑	赵　楠	印　　张	6.25
美术设计	殷丽云	字　　数	70 千字
责任印制	周　然	定　　价	48.00 元
出版发行	华夏出版社		
经　　销	新华书店		
印　　刷	北京华宇信诺印刷有限公司		
装　　订	三河市少明印务有限公司		

华夏出版社 网址 :www.hxph.com.cn 地址：北京市东直门外香河园北里 4 号 邮编：100028

若发现本版图书有印装质量问题，请与我社营销中心联系调换。电话：（010）64663331（转）

豆制品漫话

以豆腐为代表的豆制品，是人们熟悉的健康食材。众所周知，豆腐中富含优质植物蛋白；并且，豆腐的原料，也就是大豆，因含有功效近似于女性雌激素的大豆异黄酮，受到各年龄段女性的广泛关注。

随着“长寿饮食法”热潮的掀起，“美活”（变美活动）也成了流行语，豆制品曾被定义为粗粮的代表，而现在，其出色的营养价值和功效正在被人们重新认知。

随着时代进步，人们推崇的东西也发生了变化，“豆渣”就是如此。豆渣，是在豆腐加工过程中与豆浆分离开来的物质。豆浆是广泛流通的饮品，而豆渣，只能默默地存在于少数豆腐店及超市的角落里。

1999 年，豆渣甚至被最高法院“判决”为产业废弃物。

但现在，随着人们在环保方面意识的刷新，虽然豆渣还是那个豆渣，但已成了颇有品位的可循环利用的食材，从产业废弃物到“营养价值的宝库”，豆渣完成了华丽的转身。据营养管理师介绍，日本人普遍存在不可溶食物纤维慢性缺乏现象，而豆渣中富含不可溶食物纤维，因此饱腹感强，如果能主动摄入，可舒缓肠胃、消除便秘、防止过量进食、促进新陈代谢，堪称美丽健康女性的挚友。

我们希望，能把豆制品的这些出色特性引入甜点等食物中，从而为日本传统食文化的传承发挥作用。

日本全豆联

前　言

无论在日本的什么地方，豆腐都是日本家庭中的常备食材。

我最早想到用豆腐来制作甜点，还是不久前我刚生完孩子时的事。

随处可以买到，适合各种不同的味道，口感温和，

卡路里低，营养价值高，价格低廉。

这么多优点集于一身的食材，哪里去找?

在醉心于制订这些食谱的过程中，我越发确信：

这些甜点，不仅适合孩子和老年人，

也同样适合众多喜欢美食，又希望健康、美丽的女性。

在这本书中，不仅有常见的盒装豆腐，

还有豆渣、豆浆、油豆腐，美味而可爱。

这本书，如能让所有喜爱甜点的女性身心焕发青春，

如能让豆制品从此成为“甜点食材的新选择”，

我将非常开心。

铃木理惠子

The

Tofu

Dessert

and

Baking

Book

Contents

用豆腐、豆渣、豆浆、油豆腐做点心

好味豆腐：低卡甜点开心吃

用豆腐做 甜点

Using Tofu.

用油豆腐做 甜点

Using Abura-age.

【本书规则】

1. 所用豆腐为南豆腐。
2. 所用豆浆未经二次加工。
3. 所用豆渣因食谱不同，分为鲜豆渣、干燥豆渣。
4. 所用黄油或植物黄油均为无盐型。
5. 所用明胶皆为粉状明胶。
6. 所用鸡蛋均默认为中等大小。
7. 所用白砂糖均可以三温糖等品代替。
8. 所用色拉油均可以除芝麻油之外的植物油代替。
9. 1 大匙为 15ml，1 小匙为 5ml，1 杯为 200cc。
10. 烤箱烤制时间为大致参考时间。具体时间因烤箱型号不同而异，请读者根据实际使用的烤箱自行调整设定烤制时间。

【免责事项】

我们希望本书食谱万无一失，但作者及本书发行单位对读者在实际操作中万一出现的受伤、烫伤、机器破损、其他受损等概不负责任。

用豆浆做 甜点

Using SoyMilk.

用豆渣做 甜点

Using Okara.

PART 1

用豆腐做甜点

Using Tofu.

每天的餐桌常客——豆腐。

洁白、柔软、微凉、滑嫩。

超出豆腐的这些传统印象，

化身为温婉、厚重兼备的甜点。

两款基础点心酱

Custard Cream / Milk Cream

豆浆卡仕达酱 102大卡 / 豆浆牛奶酱 60大卡

以味道平和的豆浆为主要材料的两款点心酱，
是制作豆腐甜点的基础。
做好的酱散发着大豆香气，味甜，
可涂吐司，可夹蛋糕，可配软糕……用途多多，堪称万能品。

a

b

e

c

d

f

豆浆卡仕达酱

材料 1人份 50cc

豆浆……220cc
蛋黄……2个
白砂糖……70g
低筋粉……2大匙
香草精油……2滴

制作方法

① 在耐热容器中将蛋黄与白砂糖搅匀，加入筛匀的低筋粉搅拌。(图a)
② 在①中逐量加入豆浆搅拌，注意避免结成疙瘩。(图b)
③ 不用盖保鲜膜，直接把②放入微波炉中高火加热。一分钟后取出，整体搅拌。
④ “加热30秒，取出搅拌。”重复这一步骤，直至材料呈糊状。(图c)
⑤ 材料呈糊状后，加入香草精油，搅匀，用细眼筛网过滤。
⑥ 盖上保鲜膜，置于冰箱中冷却。(图d)

豆浆牛奶酱

材料 1人份 50cc

豆浆……220cc
脱脂牛奶……2大匙
蜂蜜……40g
玉米淀粉……2大匙
香草精油……2滴

制作方法

① 在耐热容器中加入蜂蜜、脱脂牛奶、玉米淀粉，从容器底部大幅搅拌。(图e)
② 在①中逐步加入豆浆，充分搅匀，注意不要结成疙瘩。(图f)
③ 之后步骤与豆浆卡仕达酱相同。

要点

➲ 最佳食用期为当天。趁新鲜美味，尽早吃完。

豆浆卡仕达酱
豆浆牛奶酱

烤芝士蛋糕

Baked Cheese Cake

1/8 块　178 大卡

正宗纽约芝士蛋糕，
豆腐并未影响芝士的浓郁口感，
且可尽享黄油带来的美味。
放置一晚后食用，口感更丰厚。

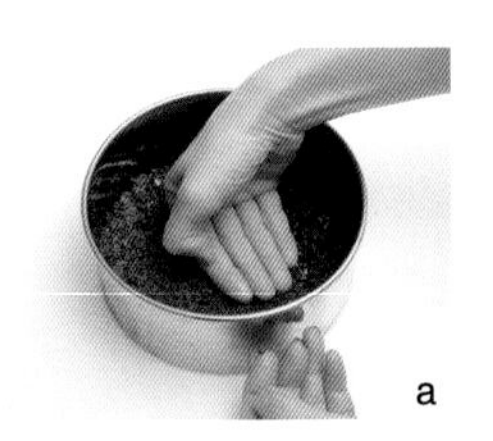
a

b

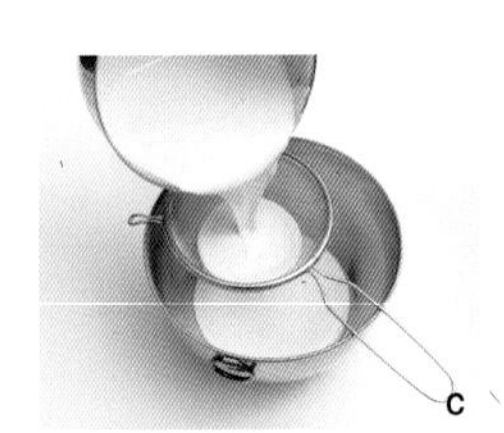
c

d

材料　直径 15cm 无底圆形模具一次用量

（蛋糕冠）

- 豆腐……200g
- 奶油芝士……200g
- 酸奶……100g
- 鸡蛋……2 个
- 白砂糖……80g
- 低筋粉……2 大匙
- 玉米淀粉……2 大匙
- 柠檬汁……1 大匙

（底座）

- 可可曲奇……10~14 块
- 融化黄油……1 大匙

制作方法

① 把可可曲奇压碎，用融化黄油搅拌后铺在模具中压实。（图 a）
② 在①的底下包好铝箔，置于冰箱冷藏室内冷却。
③ 在豆腐中加入室温下软化的奶油芝士、酸奶、鸡蛋、白砂糖，用搅拌器充分搅拌。
④ 在③中放入低筋粉、玉米淀粉、柠檬汁，继续搅拌。（图 b）
⑤ 用细眼筛网过滤④（图 c）
⑥ 把⑤一次倒入已冷却好的模具中。
⑦ 在烤盘内加入热水，烤箱预热至 170 度，隔水烤 45 分钟。
⑧ 先不打开烤箱，继续放置 3~6 小时后取出。完全放凉后，放入冰箱冷藏室内过一晚或一整天，待其进一步入味。

要点

➲ 最佳食用期为次日。冷藏保存不可超过 2 天。（图 d）

鲜芝士蛋糕

No Bake Cheese Cake

1/8 块 156 卡

奶油奶酪丰厚柔和的口感，柠檬的清新，
再加上豆腐的滑嫩，芝士蛋糕变得更加健康。
在鲜艳的食用花的映衬下，白色越发夺目，
外观时尚感十足。

a

b

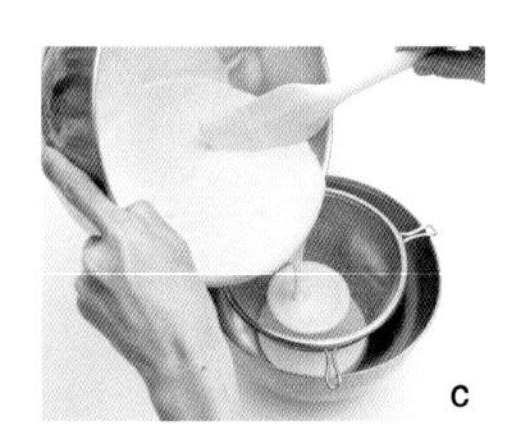

c

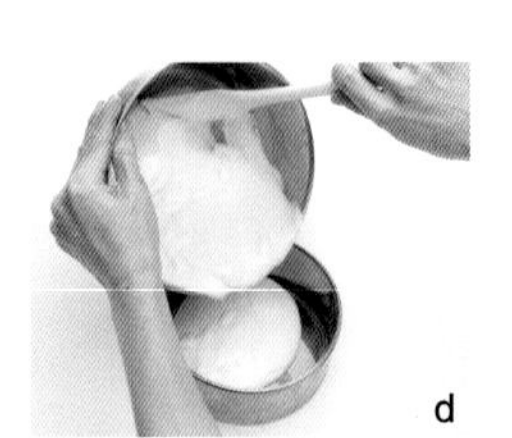

d

材料 直径 15cm 无底模具一次用量

豆腐	150g
酸奶	150g
奶油芝士	250g
白砂糖	80g
白葡萄酒	1 大匙
柠檬汁	1 大匙
明胶粉	8g
食用花装饰	适量

制作方法

① 奶油奶酪在室温下软化后，加入豆腐、酸奶、白砂糖搅匀。（图 a）
② 明胶粉用白葡萄酒、柠檬汁化开，中温加热使其溶解，注意保持不沸腾的状态。
③ 把②逐量加入①中，用搅拌器轻柔搅匀。（图 b）
④ 用筛网过滤③，连容器一起置于冰箱冷藏室内，冷却至形成极稠的糊状。（图 c）
⑤ 把④注入无底模具中，冷藏数小时至其凝固。（图 d）
⑥ 按个人喜好，以水果或食用花装饰。

舒芙蕾芝士蛋糕

Souffle Cheese Cake

1/8 块 191 大卡

入口即化的芝士蛋糕，
丰润而带有弹性，口舌触感若有若无，
能感到豆腐的质感，回味清香。
表层涂以果酱，出炉色泽看起来更诱人。

a

b

c

d

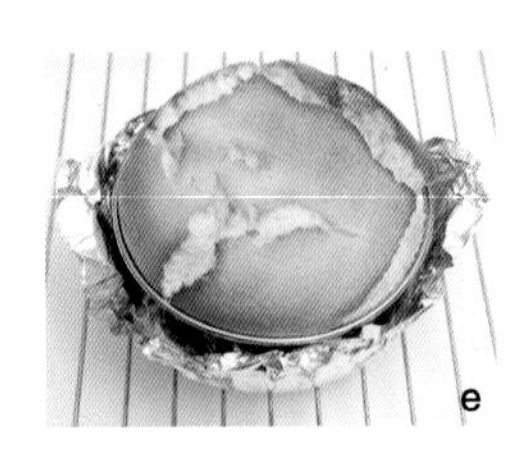
e

材料 直径 15cm 无底模具一次用量

豆腐	300g
豆浆	60g
芝士片（不溶型）	100g
鸡蛋	4 个
白砂糖	80g
低筋粉	80g
柠檬汁	1 大匙
杏酱	2 大匙

制作方法

① 模具内侧涂黄油，撒上低筋粉（材料之外），置于冰箱冷藏室内。
② 豆浆加热，奶酪切碎加入，使其溶解。
③ 鸡蛋全部磕开，把蛋清和蛋黄分开。蛋清中加入 40 克白砂糖充分打发，放入冰箱冷藏室内。（图 a）
④ 蛋黄中加入 40 克白砂糖，从容器底部翻搅，加入豆腐、低筋粉、已放凉的②，用搅拌器轻柔搅拌。
⑤ 把③、④分为三份，逐次添加混合，大致搅拌。全部混合完毕后，倒入底部包好铝箔的模具中。（图 b、图 c）
⑥ 烤盘中加入热水，烤箱预热至 170 度，隔水烤制 40 分钟。
⑦ 大致放凉后，用软毛刷在表面涂上杏酱。（图 d）
⑧ 待完全放凉后，把蛋糕从模具中取出。

要点

- 刚烤好时，蛋糕表面因膨胀可能会有裂口，等气跑完后就会收缩。（图 e）
- 最佳食用期为次日。在冰箱冷藏室内放置一晚，味道更稳定、更好吃。

无比派

Whoopie pie

1个 150大卡

无比派诞生于美国，“Whoopie”的名字据说来自孩子看到这款点心时的欢呼声。它能让孩子们无拘束地大快朵颐，是一款能带来欢快时光的甜点。

a

b

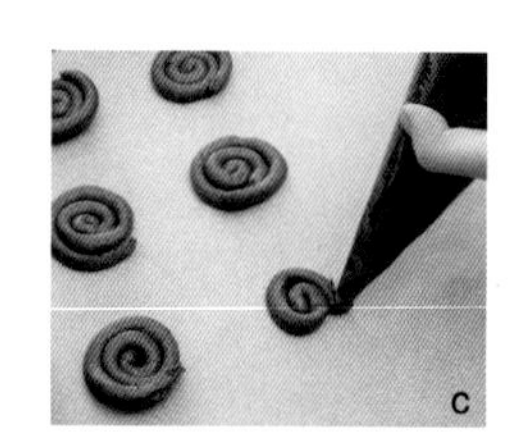
c

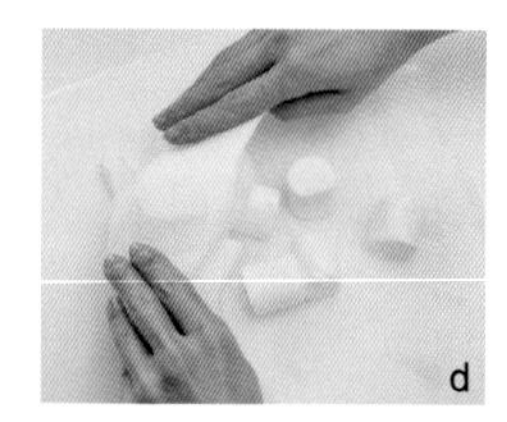
d

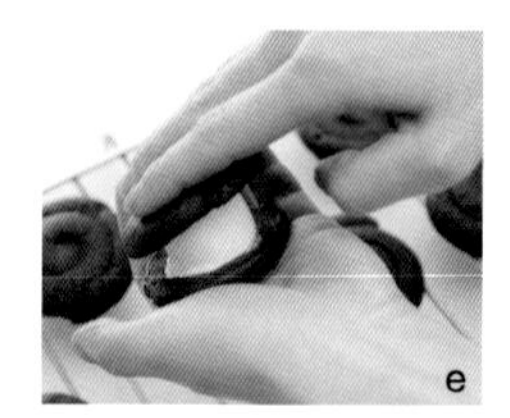
e

材料 8个用量

- 豆腐……50g
- 黄油……50g
- 低筋粉……80g
- 可可粉……30g
- 烘焙粉……1/2小匙
- 白砂糖……60g
- 棉花糖……8~10粒
- 香草精油、白兰地、装饰用巧克力、彩色糖屑……适量

制作方法

① 黄油在室温下放软，与白砂糖一起搅拌至白色蓬松状。

② 把豆腐压碎后，逐量加入①中，充分搅匀。根据个人喜好加入少许香草精油和白兰地。（图a）

③ 低筋粉、可可粉、烘焙粉混合筛匀，加入②中，大致搅匀。（图b）

④ 用汤匙把③挖成大小均一的丸状，也可用挤花袋挤出，置于烤盘上，烤箱预热至180度，烤制约15分钟。（图c）

⑤ 利用这一时间，在棉花糖表层喷水，除去玉米淀粉，擦干备用。（图d）

⑥ 待曲奇烤好后，趁热加工，每两片曲奇中间夹一片棉花糖。（图e）

⑦ 轻轻压一下，使棉花糖服帖，待放凉后，根据个人喜好以巧克力或彩色糖屑装饰。

要点

➲ 最佳食用期为当天至次日。

南瓜炼乳冰激凌

Pumpkin Ice Cream

1/4 个 171 大卡

一款可爱的冰激凌，有南瓜的鲜艳黄色和特殊甜味，
加入曲奇或坚果后，更具风味。
无论可爱圆形还是直白的块状，都很有品相，
是常备的甜点。

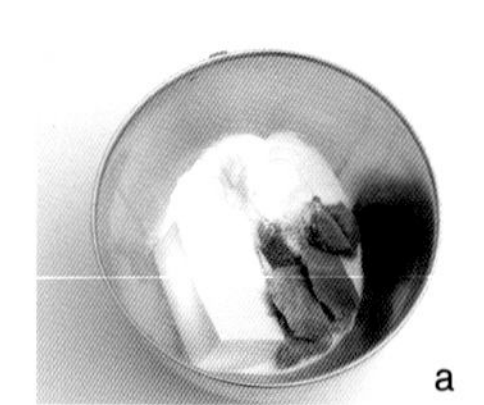
a

b

c

d

材料

材料	用量
豆腐	200g
南瓜	180g
脱脂牛奶	5 大匙
豆浆	50cc
蛋黄	1 个
炼乳	1/3 杯
肉桂粉、白兰地	少许
巧克力曲奇	适量

制作方法

① 南瓜加热，使其变软。根据个人喜好去皮或不去。
② 把豆腐、豆浆、脱脂牛奶加入①中，用搅拌器充分搅匀。（图 a）
③ 把蛋黄、炼乳、肉桂粉等香辛料、白兰地加入②中，轻柔搅匀。（图 b）
④ 把③放入玻璃容器或小锅中，置入冰箱冷冻室内冷冻。中途还须从冷冻室内取出搅拌，以保证材料内含有足够空气。根据个人喜好加入巧克力曲奇碎屑等。（图 c）

要点

- 最佳食用期为刚刚做好至数日之内。冰箱冷冻室内可保存一周左右。
- 除曲奇外，还可添加坚果，会更浓郁、更美味。（图 d）

烤甜甜圈

Baked Doughnuts

1个 44大卡

本品未经油炸，因而控制了热量，
同时保持了浓厚的味道。
两个、三个……吃得停不下来。
小巧的模样，适合馈赠亲友。

a

b

c

d

材料 中号模具12个用量

豆腐……40g
低筋粉……60g
杏仁粉……10g
烘焙粉……1/4小匙
黑芝麻泥……1小匙
（如果全都做成黑芝麻的则需2小匙）
三温糖……40g
鸡蛋……1个
黄油或植物黄油……30g
脱脂牛奶……1小匙
香草精油……少许

制作方法

① 鸡蛋与三温糖混合搅拌至发白色。
② 加入豆腐、香草精油，充分搅匀。（图a）
③ 低筋粉、杏仁粉、烘焙粉提前筛匀，加入②中，大致搅匀。（图b）
④ 在③中加入融化黄油或植物黄油，搅匀。（图c）
⑤ 把④装在挤花袋中，挤到模具里。（图d）
⑥ 烤箱预热至180度，烤制10~13分钟，至略焦黄色。

要点

- 最佳食用期为出炉后至次日。烤好后先待其完全放凉，然后可装进密闭容器内冷冻保存。
- 如想全部做成黑芝麻风味的甜甜圈，在步骤②时就要加入所有黑芝麻泥。如果只做一半，则需在步骤②之后，把材料分成两等份儿，其中一份儿添加黑芝麻泥。

巧克力香蕉蛋糕

Baked Chocolate Banana Cake

1/8 个　99 大卡

香蕉和巧克力完美组合，
制成口感丰润的蛋糕。
微苦的巧克力、朗姆酒，
构成适合成年人的口味，
与浓缩咖啡、香槟两相适宜。

a

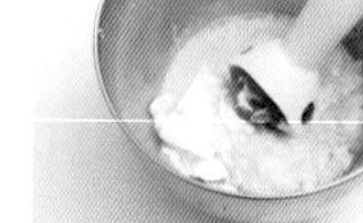
b

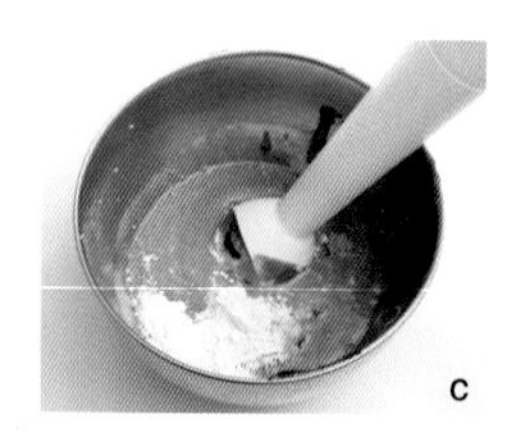
c

材料　15cm 方形模具一次用量

豆腐……………………200g
鸡蛋……………………1 个
白砂糖……………………50g
硬板巧克力…………1 块（约 55g）
牛奶……………………1 大匙
低筋粉……………………1 大匙
香蕉……………………中号 1 根
朗姆酒……………………1 小匙

制作方法

① 把巧克力掰碎，与牛奶一起隔水微波炉加热至溶解。（图 a）
② 另取深碗一只，放入豆腐、鸡蛋、白砂糖，用搅拌器充分搅匀。（图 b）
③ 把香蕉、①放入②中，加入朗姆酒以及筛好的低筋粉，倒入铺好烤纸的模具中。（图 c）
④ 烤箱预热至 180 度，烤制约 35 分钟。

要点

➡ 最佳食用期为次日。需冷藏保存，保质期只有短短的两三天，建议趁味道好，在两天之内尽早吃完。

无花果桃仁司康

Fig Walnut Scones

1个　163大卡

咬下一口，酥酥的口感，
随后便是一小粒一小粒的无花果和核桃仁。
干果与坚果的真实齿感，营养充足的滋养感，
虽为小食，却也令人爱如珍宝。

a

b

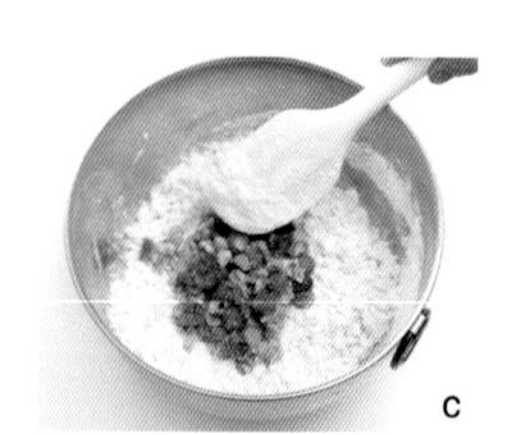
c

d

材料　10个用量

豆腐	100g
黄油或色拉油	30g
低筋粉	300g
烘焙粉	1/2小匙
无花果干	20g
核桃仁	30g
盐	少许
蜂蜜	3大匙

制作方法

① 把豆腐放在深碗中，轻柔打碎。
② 在①中加入常温下软化的黄油、盐、蜂蜜，轻柔搅匀。（图a）
③ 低筋粉与烘焙粉事先筛匀，加入②中搅匀。（图b）
④ 把无花果干切成大小适当的碎块，与核桃仁一起加入③中，搅匀。（图c）
⑤ 把④反复折叠揉匀后，用模子刻下或用刀切开，摆放在烤盘上，烤箱预热至190度，烤制约20分钟。（图d）

要点

- 出炉后即食，亦可冷藏保存3~4天。自然解冻后，用吐司机加热。
- 蜂蜜可用枫糖浆代替，也可两者都不放，烤好后都很美味。

提拉米苏

Tiramisu

1个　188大卡

诞生于意大利的提拉米苏，
浓厚的芝士风味与咖啡的微苦绝妙结合。
脱水酸奶和豆腐在一起，
制造出鲜奶油一般的浓郁口味，食后感觉舒爽。
如以透明容器装盘，更能凸显其分层外观。

a

b

c

d

材料

材料	用量
豆腐	150g
鲜豆渣	70g
脱水酸奶	200g
奶油芝士	80g
白砂糖	4大匙
饼干	3片
速溶咖啡	适量
柠檬汁	1大匙
朗姆酒	少许

制作方法

① 酸奶用咖啡滤网过滤一晚，脱去水分，制成脱水酸奶。（图a）

② 把奶油芝士、豆腐、脱水酸奶混合，加入白砂糖、柠檬汁，用搅拌器搅匀至软。（图b）

③ 鲜豆渣用微波炉加热数分钟，去除多余水分，自然放凉。

④ 在③中加入速溶咖啡、朗姆酒、饼干碎，充分搅匀。（图c）

⑤ 在杯中加入少量④铺底，加入一层②，重复一遍。（图d）

⑥ 在⑤的表面撒上可可粉，即告完成。

南瓜派

Pumpkin Pie

1/12 块　119 大卡

南瓜的香甜全部体现出来了。
朴素的甜味和浓厚的口感，因为有了南瓜才能品味得到。
烤出大大的一个，大家一起热热闹闹地分享，
把美味传递给身边的每个人。

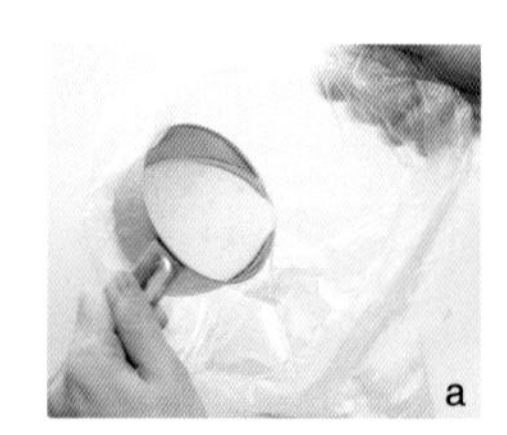
a

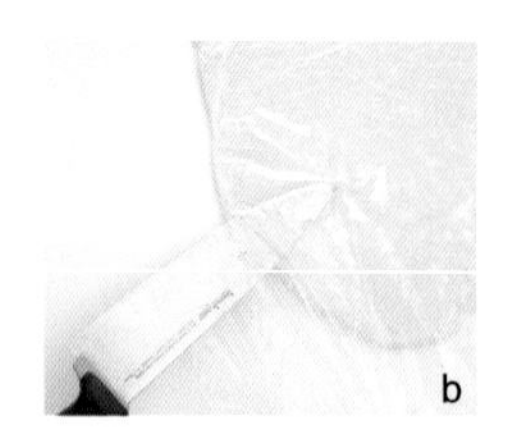
b

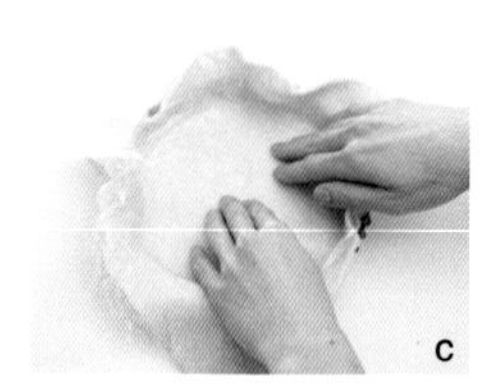
c

d

e

材料　直径 18cm 模具一次用量

（派皮）

豆渣粉……20g
豆浆……60g
低筋粉……100g
寒天粉……1 小匙
色拉油……2 大匙
盐……少许
白砂糖……1 大匙

（馅料）

加热后的南瓜……200g
豆腐……120g
蜂蜜……6 大匙
脱脂牛奶……3 大匙
鸡蛋……2 个
朗姆酒……1 小匙
肉桂粉等香辛料……适量

制作方法

（派皮）

① 把豆浆与色拉油混合。
② 把剩下的原料全都装进塑料袋里混合。
③ 把①加入②中混合，大致成团。连塑料袋一起放入冰箱冷藏 30 分钟左右。（图 a）
④ 隔着塑料袋把面团擀开成薄饼，剪开塑料袋取出面饼。（图 b）
⑤ 把模具扣在④上迅速翻转，仔细将面饼在模具底部压服帖。用叉子适当戳几个孔，放入预热至 180 度的烤箱内，烤制约 12 分钟。（图 c、图 d）

（馅料）

① 把所有材料用搅拌器轻柔搅匀，过滤。（图 e）
② 把①倒入派皮模具中，烤箱预热至 180 度，烤制约 40 分钟。

要点

➲ 出炉后即食，冷藏保存期为 2~3 天。

杏肉白玉团子

Apricot Dumplings

1/4 份　约 3 个　173 大卡

糯糯的、口感微凉的白玉团子，
咬开来，是酸甜的杏肉，
带着一丝异域风情。
糖汁和馅料可随心所欲地搭配，自由尝试。

e

a

b

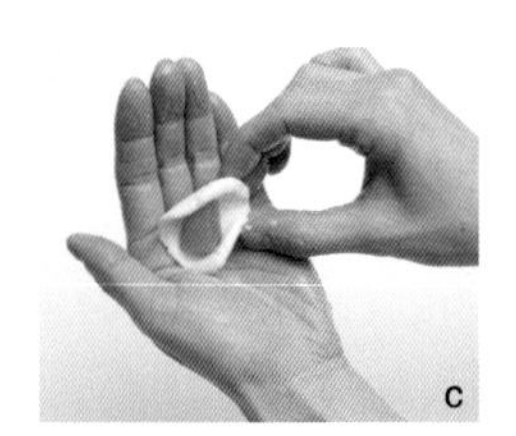
c

d

材料　12 个量

- 豆腐……100g
- 糯米粉……100g
- 杏干……5~6 枚
- 蜂蜜……3 大匙
- 柠檬汁……1 大匙
- 枯名粉……适量

制作方法

① 深锅内加水烧沸。
② 糯米粉、豆腐，各取一半混合起来。再把剩下的豆腐逐量加入，和成软硬适中的米粉团。（图 a、图 b）
③ 把②切成 12 等份儿，在手心里揉圆、压扁。取适量杏肉做馅，捏成团子。（图 c）
④ 水开后下入③煮，待其漂上水面 1 分钟左右时捞出。放凉，食用时过凉水。（图 d）
⑤ 用蜂蜜、柠檬汁混合制成糖汁，淋在盛盘的白玉团子上。根据个人喜好撒上枯名粉。

要点

- 最佳食用期为当天。可冷冻保存。食用之前需用热水泡软。
- 馅料还可换作西梅、树莓、蜂蜜、花生黄油、桃仁碎、黑糖等，也很美味。（图 e）

帕布莉卡面包

Paprika Bread

1/8 块　133 大卡

怎么样，这鲜艳的色彩？
红椒色素和营养十足的面包，
带着红椒特有的风味和特别的香味，
可当作早餐或茶点。
如果添加西葫芦，成品会呈柔和的绿色。

a

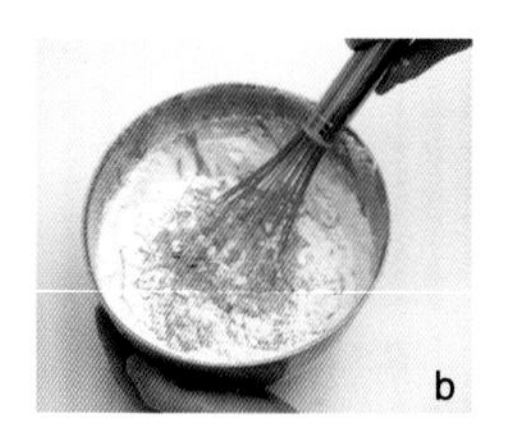

b

c

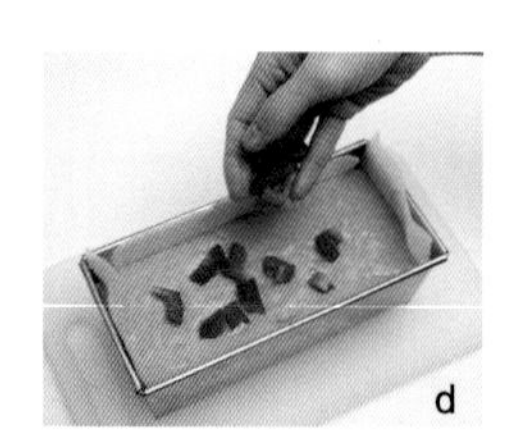

d

材料　15cm 方形模具一次用量

材料	用量
豆浆	100cc
帕布莉卡	150g
低筋粉	140g
白砂糖	80g
脱脂牛奶	2 大匙
柠檬汁	2 大匙
烘焙粉	2 小匙
玉米淀粉	1 大匙
盐	少许

制作方法

① 帕布莉卡洗净、切成适当大小。取出少量用于最后步骤。（图 a）

② 把切好的帕布莉卡与豆浆混合，用搅拌器搅拌均匀，至柔和的糊状。

③ 把柠檬汁之外的所有材料混合起来筛匀，加入②中。再加入柠檬汁，大致搅拌。（图 b）

④ 模具内壁用黄油涂抹，或用烤纸铺垫好，把③倒入其中。撒上预留的少量帕布莉卡，烤箱预热至 180 度，烤制约 30 分钟。（图 c、图 d）

要点

- 最佳食用期是出炉后两天以内。从第二天起可制成吐司食用。
- 原材料也用混合热蛋糕粉代替。

香草巴伐露斯

Vanilla Bavarian Cream

1/8 块　166 大卡

上自老年人下到孩童，巴伐露斯广受欢迎。
平滑的口感易于接受，平和的甜味和小西红柿的酸味相得益彰。
可用作华丽的仪式蛋糕，存在感强，非常适合庆典场合！

a

b

c

d

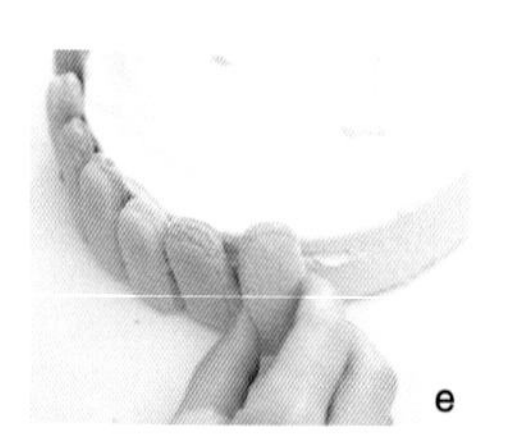
e

材料　直径 15cm 无底模具一次用量

豆腐	150g
牛奶	50cc
鸡蛋	2 个
鲜奶油	200cc
白砂糖	20g
蜂蜜	20g
明胶粉	10g
水	1 大匙
白葡萄酒	1 大匙
香草精油	2-3 滴
小西红柿	约 50 个
手指饼干	10 根左右

制作方法

① 把豆腐、牛奶混合起来，取出 200cc 备用。
② 明胶粉用水和白葡萄酒化开。
③ 在两个蛋黄中加入蜂蜜充分打发起泡，加入香草精油。（图 a）
④ 把②放入微波炉中加热至溶解，注意不要沸腾，然后加入①中，再加入③，充分搅匀后过滤到深碗中。连碗一起放置于冰箱冷箱室内冷却至结成泥状。（图 b、图 c）
⑤ 另取一碗，加入鲜奶油和白砂糖，打发至九成。分三次放入冷却好的④中，大略搅拌。（图 d）
⑥ 把⑤倒入无底模具中，置于冰箱冷藏室内冷却。
⑦ 待⑥成型后，从模具中取出。在巴伐露斯的周围贴上折为半段的手指饼干，上部以小西红柿和奶油等装饰。（图 e）

要点

➲ 最佳食用期为当天至次日。

PART 2

用油豆腐做甜点

Using Abura-age.

油豆腐常用作“厨寿司”的外皮，为人们所熟知。

烤到“干透有弹力”的状态时会散发特有的香气。

就是这样的油豆腐，摇身一变，成了可爱的甜点。

以“焦黄、酥脆”为最佳境界，敬请期待。

奶油泡芙

Cream Puff

1个 220大卡

不必制作复杂的泡芙坯子，
只须填入大量的甘甜豆浆卡仕达酱、掼奶油，
再放上草莓，就成了蜡烛形状的可爱泡芙。

a

b

c

材料 6个用量

油豆腐	3块
豆浆卡仕达酱	300cc
草莓	6个
鲜奶油	90g
糖粉	适量

制作方法

① 油豆腐用热水淋浇，尽量去除油分，切成两半，掏空，成袋状油豆皮。

② 把铝箔纸团塞入豆皮中，用吐司机或平底锅烙至焦黄色。（图a）

③ 轻轻取出箔纸团，注意保持豆皮完整，再用小勺或挤花袋把豆浆卡仕达酱注入其中。（图b）

④ 用掼奶油或喜爱的水果装饰，最后撒上糖粉即可。（图c）

要点

➲ 最佳食用期为完成时。装盘时建议使用边缘比较高的容器。

用油豆腐做
甜点
Using Abura-age.

热带燕麦条

Tropical Oats Bar

1个　83大卡

此款甜点完全就是西洋版的“冻米糖”。
足量的坚果与干果，可口且健康。
营养口感双满分，两餐之间的最佳小食。

a

b

c

d

材料　12个用量

油豆腐……1块
燕麦片……1杯
椰子片……1/2杯
棉花糖……约40g
黄油……20g
酥米……1杯
芒果干……20g

制作方法

① 用吐司机把油豆腐烤干，去除水分后切碎。芒果干也切碎。
② 燕麦片和椰子片用平底锅无油煎后关火放凉。（图a）
③ 把棉花糖和黄油放入耐热容器中，用微波炉加热至融化，充分搅匀。（图b）
④ 把酥米与①混合均匀，加入③中，迅速搅拌。（图c）
⑤ 在方形模具中铺好烤纸，把④填入模具，不留空隙，从上方向下轻按。压上重物后置于冰箱冷藏室内冷却至凝固，再切成适当的大小。（图d）

要点

➲ 最佳食用期是当天，密闭容器内冷藏可保存一周。

用油豆腐做
甜 点
U s i n g A b u r a - a g e.

米勒菲耶

Mille-feuille

1个　230大卡

“这是油豆腐？”谁见了都忍不住这样问。
此款米勒菲耶的魅力十足。
柔韧的齿感与派皮的酥酥口感略有不同，
再加上油豆腐特有的香气，别具风味。

a

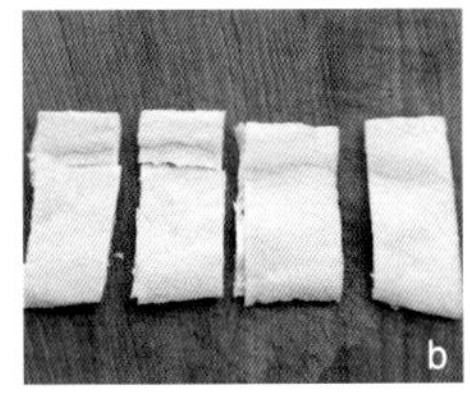
b

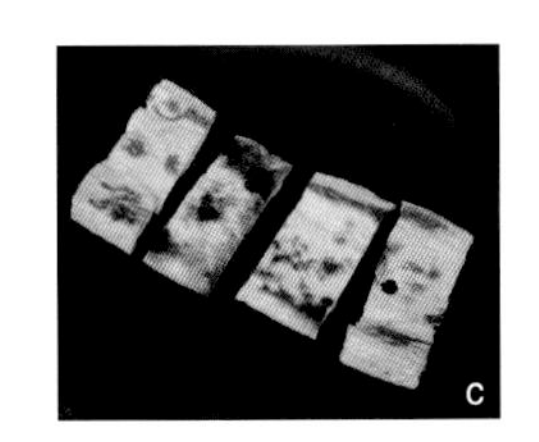
c

材料 4~5个用量

油豆腐……2块
豆浆卡仕达酱……200~250cc
（每个用50cc）
草莓……12~13个
（其中8~9个切片，4~5个留作装饰用）
鲜奶油……60~75g
（每个用15g或1大匙左右）

制作方法

① 油豆腐用热水淋浇，尽量去除油分，再用力拧干水分，用刀切成两片。根据油豆腐的大小，每片再切成3~4等份。（图a、图b）
② 用吐司机或平底锅把①烙至焦黄，自然放凉。（图c）
③ 把一片油豆腐放在盘中，薄薄地涂上卡仕达酱，放上草莓片。
④ 重复步骤③三遍，也就是叠加三层。
⑤ 在最上层放上掼奶油，并以草莓等喜好的水果装饰。

要点

➲ 最佳食用期是刚刚做好、豆皮酥脆之时。

用油豆腐做
甜　点
Using Abura-age.

苹果派

Apple Pie

1个　370大卡

把烤得脆脆的油豆腐作为派皮的全新苹果派，
糖水煮好的苹果散发着香气，
与健康的豆浆卡仕达酱十分般配。
也可使用市售苹果酱。

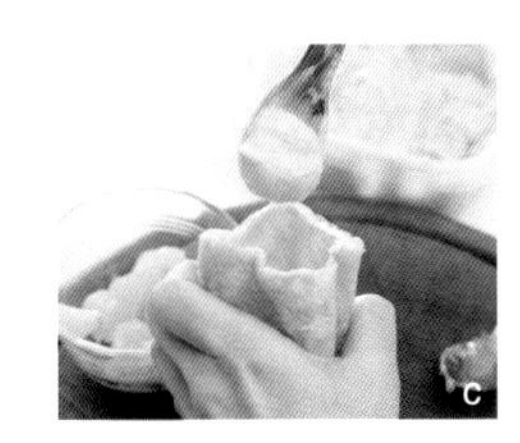

材料　3个用量

油豆腐……3块
豆浆卡仕达酱……300cc
苹果……小号1个
白砂糖……10g
柠檬汁……1小匙
肉桂粉……适量
糖粉……适量

制作方法

① 苹果切碎，撒上白砂糖、水、柠檬汁，用微波炉或锅加热，制成糖水苹果。
② 油豆腐用热水淋浇，尽量去除油分，切掉一端，制成袋状。（图a）
③ 在②中加入①和豆浆卡仕达酱，填至六成满即可。（图b、图c）
④ 把③的一端卷起，用牙签固定住。
⑤ 在烤架上铺好烤纸，烤至焦黄色，根据喜好撒上糖粉即可。（图d）

要点

➲ 最佳食用期为出炉之时。

PART 3

用豆浆做甜点

Using SoyMilk.

在很多场合，豆浆已经成为牛奶的替代品。

清爽、清淡且易于消化的豆浆，

近年来人气不断高涨。

这些甜点完整保留了豆浆流畅、浓厚的柔和口感。

克拉芙缇

Clafoutis

1/8 块 190 大卡

克拉芙缇，一款法国家常甜点。
刚出炉时的蓬松口感很像舒芙蕾，
放置一晚之后会绵软如卡仕达布丁。
在法国，人们最喜爱用的是樱桃馅料，
如果换作黄桃或苹果也很美味。

a

b

c

d

材料 直径 18cm 模具一次用量

豆浆……120g
鲜奶油……100cc
酸奶……100g
白砂糖……100g
鸡蛋……2 个
低筋粉……40g
杏仁粉……40g
朗姆酒……1 小匙
黄桃片、糖粉……适量

制作方法

① 在模具内壁涂黄油、撒低筋粉后，放入冰箱冷藏室内冷却（材料之外）。（图 a）
② 把鸡蛋与砂糖搅匀，加入酸奶、豆浆、鲜奶油搅拌。（图 b）
③ 在②中加入低筋粉、杏仁粉、朗姆酒搅匀，注意不要结成疙瘩。（图 c）
④ 把③倒入模具中，上面摆放黄桃片。（图 d）
⑤ 烤箱预热至 160 度，烤制 40 分钟。
⑥ 根据个人喜好撒糖粉即成。

要点

➲ 最佳食用期是搁置一晚之后，此时口感厚重如蛋糕。也可在刚出炉时就切成块，配冰激凌一起食用。

草莓千层饼

Strawberry Mille Crepe

1/8 块　95 大卡

把纤细的薄饼一层一层地耐心叠加制成千层饼。
柔和的甜奶油服帖地与薄饼在一起，
实在是令人愉悦的治愈系甜点。

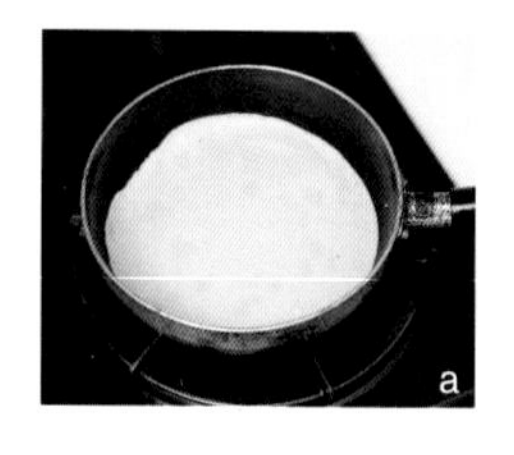
a

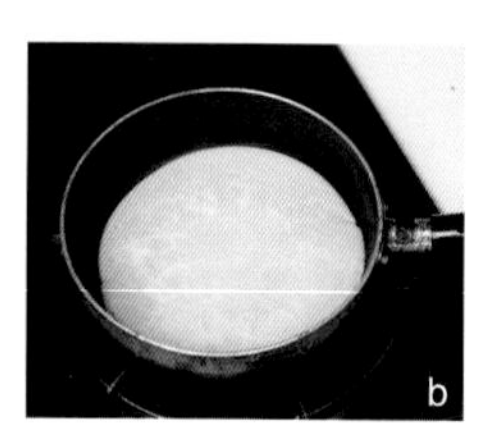
b

c

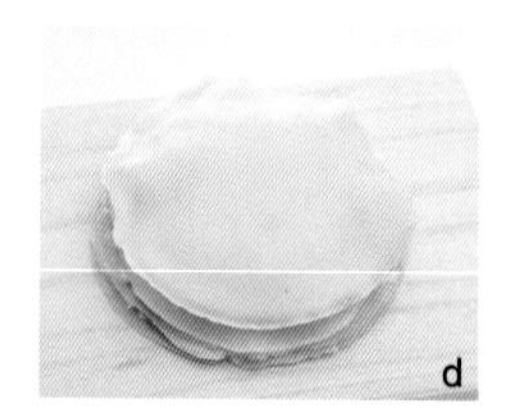
d

材料

材料	用量
豆浆	150cc
鸡蛋	1 个
白砂糖	1/2 大匙
豆浆奶油	200cc
低筋粉	50g
烘焙粉	1/4 小匙
草莓	12 个
白兰地	1/2 小匙
糖粉	适量

制作方法

① 鸡蛋与白砂糖充分搅匀后，加入一半豆浆。
② 低筋粉与烘焙粉提前筛匀，加入①中搅匀，再加入剩下的一半豆浆和白兰地，搅拌至柔软。
③ 把②放在冰箱冷藏室内至少 2 小时。
④ 平底锅加热，放少许油，把③摊成薄饼。（图 a）
⑤ 小火加热，待一面发干时翻面，烙成两面不带焦黄色的薄饼。（图 b）
⑥ 待⑤自然放凉后，涂抹豆浆牛奶酱和切片草莓，与薄饼层层叠加。（图 c）
⑦ 叠加完毕后，轻轻压一下，使牛奶酱与薄饼更服帖。放入冰箱冷藏室内至少 30 分钟，使其易于切分。撒上糖粉装饰，即可切分食用。

新鲜软焦糖

Soft Taffy

1 块 30 大卡

如此健康的焦糖，令人放心。
想吃的时候拿一块丢进嘴巴就好！
豆浆自然甘甜，糯糯的口感让人想起小时候，
没有多余的食材，却能重新发现本真的美味。
那一瞬间，你微笑了。

a

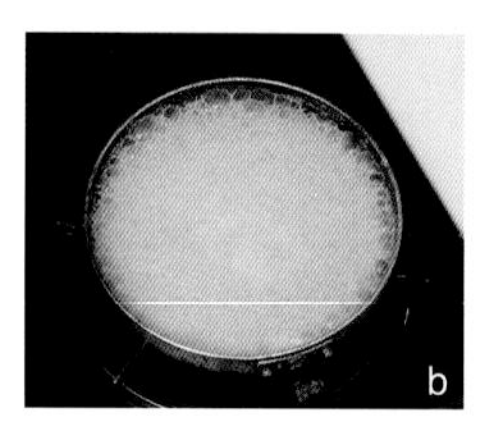
b

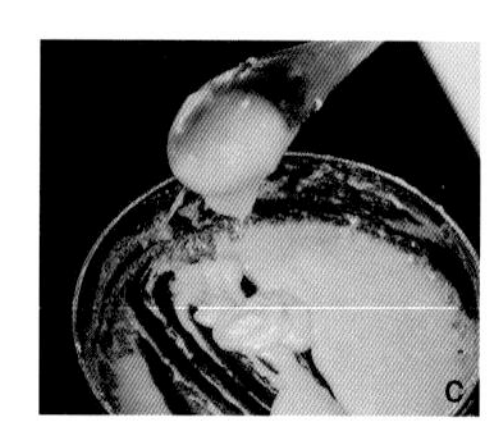
c

d

材料 12 块用量

豆浆……200cc
白砂糖……60g
黄油……1 小匙

制作方法

① 把所有材料放入平底锅中，中火加热。（图 a）
② 沸腾后调小火继续煮，不时搅拌。（图 b）
③ 材料呈糊状后注意勿使其粘锅，频繁搅拌。（图 c）
④ 待材料成团，即用铲子搓起来后不会立刻落下的程度，关火，倒入已经铺好保鲜膜的平底盘中，将表面抹平，使整体厚度统一。（图 d）
⑤ 放入冰箱冷藏室内冷却至凝固，切成小块，用蜡纸包好。

薄荷巧克力纸杯蛋糕

Mint Chocolate Cup Cakes

1个 153大卡（装饰奶油除外）

微带薄荷清凉感的可可味，非常新颖。
犹抱琵琶半遮面的巧克力饼干之上，
淡绿色的装饰奶油色彩更显鲜艳。

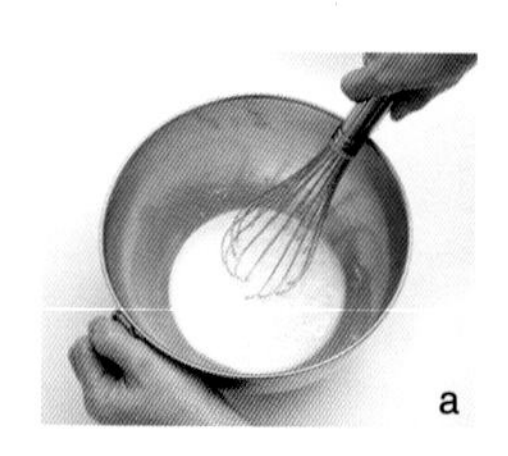
a

b

c

d

材料 8个纸杯用量

豆浆……250cc
鲜豆渣……60g
可可粉……3大匙
三温糖……80g
低筋粉……150g
烘焙粉……1小匙
色拉油……1大匙
朗姆酒……1小匙
薄荷糖碎……1~2大匙（装饰用）
奶油奶酪……30g
糖粉……15g
黄油……15g
绿色食用色素（最好是薄荷精油）、
巧克力屑……适量

制作方法

① 鲜豆渣用微波炉加热，去除多余水分。
② 把豆浆和色拉油混合在一起后加入①中。（图a）
③ 把低筋粉、可可粉、三温糖、烘焙粉筛匀，加入②中搅拌。
④ 把薄荷糖碎加入③中搅匀后，等分在各个纸杯中，烤箱预热至180度，烤制约20分钟。
⑤ 制作装饰奶油。把室温下软化的奶油奶酪和黄油充分搅拌均匀后，加入糖粉，充分搅匀。还可加入绿色食用色素以及巧克力屑，搅拌。（图b、图c）
⑥ 等蛋糕完全放凉后，用挤花袋把⑤挤在蛋糕上，或用小刀涂抹也可。可将蛋糕顶部削平，更易操作。（图d）

要点

- 最佳食用期是当天或次日。
- 根据自己喜好，可以在装饰奶油上撒银色糖屑或喷涂巧克力浆，看起来非常可爱。

红薯黑糖布丁

Sweet Potato Pudding

1 个 129 大卡（另，枫糖 18 大卡）

红薯的“沙”与黑糖的“浓”结合起来，
形成了味道厚重、适合成年人的这款布丁。
柔和、致密，每一口都回味无穷。
枫糖浆带来的余韵也是一个亮点。

a

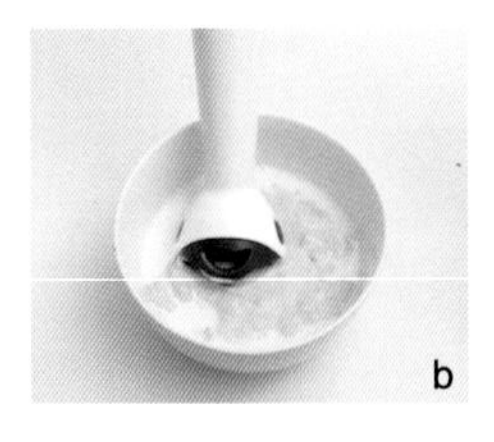
b

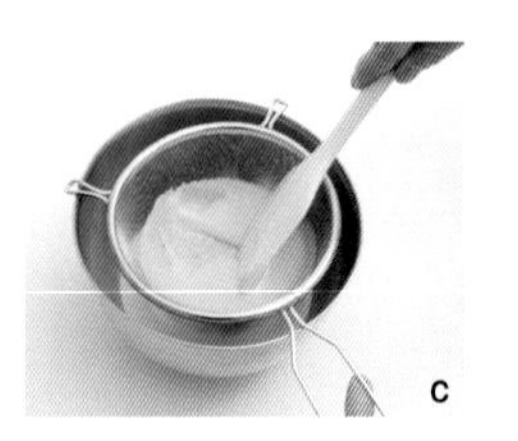
c

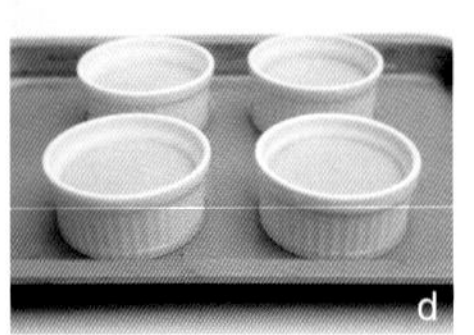
d

材料 4 杯用量

材料	用量
豆浆	100cc
红薯	80~100g
鲜奶油	50cc
鸡蛋	1 个
黑糖	20g
枫糖浆	适量

制作方法

① 红薯加热至软。（图 a）
② 把豆浆、鲜奶油加入①中，用搅拌器充分搅拌。（图 b）
③ 在②中加入鸡蛋和黑糖，继续充分搅拌至材料变软，用筛网过滤。（图 c）
④ 把③等分到各杯中，烤盘加水，烤箱预热至 150 度，隔水烤制 20 分钟。（图 d）
⑤ 从烤箱中取出，放凉后置于冰箱冷藏室内冷却。食用时淋上枫糖浆。

蓝莓蛋糕

Blueberry Cake

1/8 块　84 大卡（装饰奶油除外）

做好的蛋糕呈现蓝莓鲜艳的色彩，
一看就觉得美味。
果粒口感与鲜奶酪般清新的酸味，
在口中温和扩散。

a

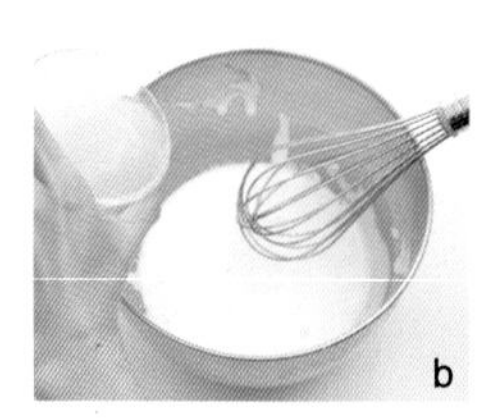
b

c

d

材料　直径 15cm 无底模具一次用量

豆浆……250cc
无水酸奶……220~250g
明胶粉……10g
蜂蜜……3 大匙
蓝莓（新鲜或冷冻均可）……1 杯
蓝莓酱……3 大匙
柠檬汁……1 大匙
白葡萄酒……1 大匙
掼奶油……适量

制作方法

① 把明胶粉用柠檬汁和白葡萄酒化开。水分不足的话可加一点豆浆。
② 把豆浆、无水酸奶、蜂蜜混合在一起，用搅拌器充分搅匀。（图 a）
③ 用微波炉加热①，使明胶粉溶解，注意不可沸腾，一点一点地加入②中。
④ 在③中加入蓝莓酱，充分搅拌后用筛网过滤。
⑤ 把蓝莓加入④中，用搅拌器充分搅拌。根据个人喜好可加入整粒蓝莓。（图 c）
⑥ 把⑤放在冰箱冷藏室内冷却至食材呈糊状后，倒入底部已兜了箔纸的模具中。（图 d）
⑦ 放入冰箱冷却至凝固。根据喜好，用挤花袋在蛋糕上装饰掼奶油。

要点

➲ 最佳食用期为当天。

肉桂苹果粥

Apple Cinnamon Porridge

1 人份 180 大卡

苹果和燕麦本身易于消化，用豆浆煮好，
是令人由内到外焕发美丽的一款靓粥。
这清新的健康美味，无论早晚，都想来一碗呢！

a

b

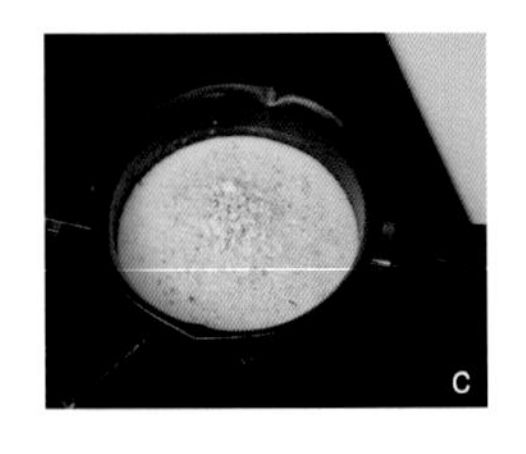
c

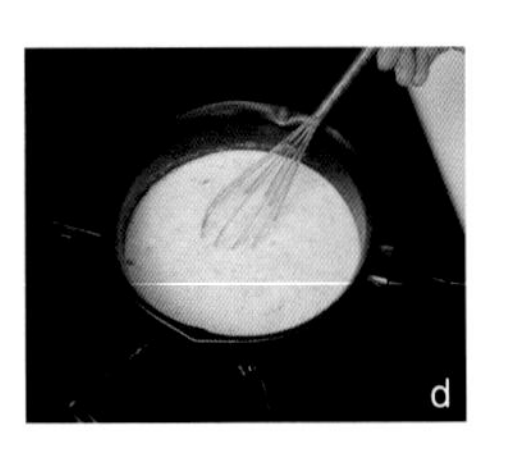
d

材料

豆浆……300cc
苹果……1/2 个
白砂糖……1 大匙
柠檬汁……1 小匙
燕麦……1/4 杯
盐……少许
肉桂粉……少许
枫糖浆、黄油……适量

制作方法

① 苹果切薄片，撒上白砂糖和柠檬汁，放置 10 分钟左右。（图 a）
② 用保鲜膜把①包裹起来，用微波炉加热约 3 分钟，在炉内放置片刻后取出，撒上肉桂粉，轻轻搅拌。（图 a）
③ 在厚底锅内加入②和豆浆，中火加热。
④ 即将沸腾之前，把火关到极小，加入燕麦。（图 c）
⑤ 在④中加入少许盐，煮 5 分钟，注意不要沸腾。（图 d）
⑥ 食用之前可根据喜好加入枫糖浆或黄油。

要点

➲ 最佳食用期为做好之后即刻。

柚子慕斯

Yuzu Mousse

1个 80大卡

奶酪的浓郁，酸奶的清爽，都被发挥到最佳，
此款慕斯最吸引人的就是酸与甜的绝妙结合。
芳香的柑橘与柚子味道相融，使成品散发出明快的时尚感。

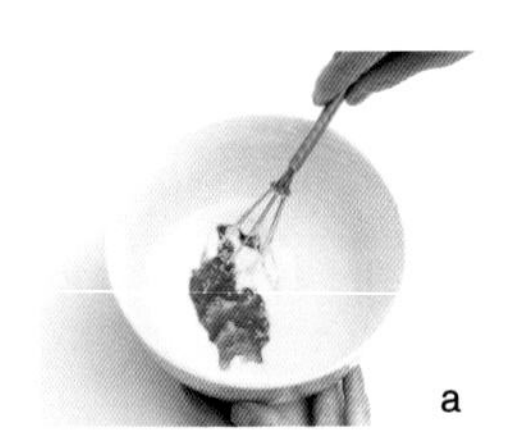
a

b

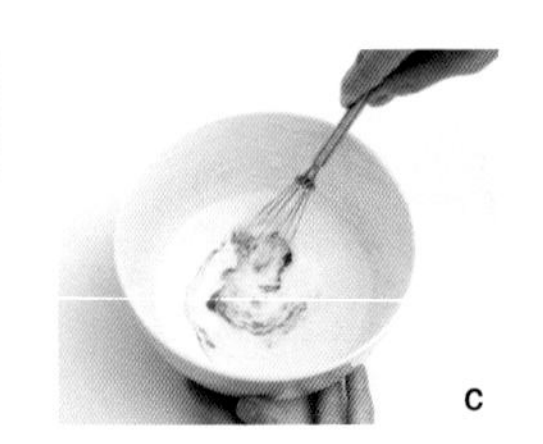
c

材料 2杯用量

豆浆	100cc
奶油奶酪	30g
橙汁	150cc
柚子酱	50g
酸奶	30g
明胶粉	5g
装饰用柚子酱、白葡萄酒	适量

制作方法

① 奶油奶酪置于室温下使其软化，明胶粉用橙汁化开。
② 把酸奶、柚子酱加入奶油奶酪中充分搅匀。（图a）
③ 用微波炉加热橙汁，在不沸腾的情况下使明胶粉溶解，把②加入，混合搅拌。（图b）
④ 把豆浆加入③中，搅匀后倒入杯中，置于冰箱冷藏室内冷却。（图c）
⑤ 根据喜好用白葡萄酒化开适量柚子酱，点缀在表面作为装饰。

要点

➲ 最佳食用期是当天。可在冰箱冷藏保存至次日。

千层松糕

Trifle

1/8 块　232 大卡

英国传统甜点，千层松糕。
白兰地的芳香被豆渣充分吸收，
与豆浆奶油的香甜完美契合，
这是属于成年人的味道。
如果用蜂蜜代替白兰地，
瞬间就可变成孩子们喜欢的小点心。

a

b

c

d

材料　20cm 方形模具一次用量

豆浆卡仕达酱……1 杯
豆浆掼奶油……1/2 杯
白砂糖……1 大匙
豆渣海绵蛋糕坯……1/2 块
白兰地、水……少量
装饰用水果、糖粉……适量

制作方法

① 制作豆浆卡仕达酱备用。
② 豆浆掼奶油中加入白砂糖，打发至八成。
③ 白兰地用水稀释，均匀地撒在豆渣海绵上（豆渣海绵坯的制法参见第 81 页“瑞士卷”的制作方法），将其打散。（图 a）
④ 在容器中依次放入豆浆卡仕达酱、一半海绵蛋糕坯、豆浆掼奶油、剩下的一半海绵蛋糕坯。（图 b、图 c）
⑤ 最后以水果装饰，撒上糖粉。（图 d）

要点

➲ 最佳食用期是当天。

奶白冻

Blancmange

1个　210大卡（淋汁除外）

此款甜点呈纯白色、晶莹质感，
豆浆的浓郁口味与柔和清香格外突出。
取一小勺，在口中融化。
配黑芝麻酱更觉可口，配果酱则果味浓郁，
可自由自在地搭配。

e

a

b

c

d

材料　布丁杯4杯用量

豆浆……250cc
鲜奶油……150cc
明胶粉……5g
白砂糖……20g
白葡萄酒……1大匙
水……1大匙
果酱、白葡萄酒……适量
黑芝麻粉、蜂蜜……适量

制作方法

① 明胶粉用水及白葡萄酒化开。（图a）
② 豆浆、鲜奶油、白砂糖放进锅里加热，注意不可沸腾，加入①，使其溶解。（图b）
③ 用筛网过滤②，放入深碗中，置于冷藏室内冷却30分钟左右，待其呈糊状。（图c）
④ 用打蛋器等充分搅拌，使③成为含有气体的黏稠状态，移入布丁杯中。气泡可用小勺等刺破去除。（图d）
⑤ 用蜂蜜把黑芝麻粉调至自己喜好的甜度，添加在成型的布丁上。

要点

- 最佳食用期是当天。冷藏保存可至次日。
- 根据自己的喜好，把黑芝麻酱换成蔓越莓酱、猕猴桃酱（果实中加白砂糖微波加热制成，也可使用现成的果酱）也很美味。（图e）

用豆浆做
甜 点
Using SoyMilk.

布莱德布丁

Bread Pudding

1/8 块 104 大卡（80 克面包）

吃过一次就难以忘怀的香甜，
用普通面包做出“妈妈的味道”。
大大的布丁与大家分享，身心都感到温暖。
巧妙地使用家里的面包，做出独家甜点。
配上冰激凌就是足以待客的那一款。

a

b

c

d

材料 20cm 方形耐热容器一次用量

豆浆……300cc
白砂糖……70g
鸡蛋……2 个
变硬的面包（法棒最佳）……适量
香草精油……2~3 滴
肉桂粉、糖粉、枫糖浆……适量

制作方法

① 把面包切成适口大小。（图 a）
② 把豆浆加热至人体温程度，加入白砂糖化开。（图 b）
③ 磕入两个鸡蛋，充分搅拌。加入香草精油。（图 c）
④ 用细眼筛网过滤③。
⑤ 容器内壁涂黄油（材料之外），把面包放入，倒入④。（图 d）
⑥ 烤盘内放热水，烤箱预热至 160 度，烤制约 20 分钟。
⑦ 食用之前撒肉桂粉、糖粉或枫糖浆。

要点

- 最佳食用期是刚刚出炉时。冷藏可保存 2 天。
- 趁热配上冰激凌食用，别有风味。

抹茶冰激凌

Green Tea Ice Cream

1/4 个　57 大卡

典型的和风甜点抹茶冰激凌，
也因豆浆变得更健康。
令人心绪平和的抹茶之绿，微带着一丝苦味。
如果这是成年人才能感受的美味，
岂不是太可惜了么?
本款优雅的冰激凌口感柔和而清爽，适合所有人。

c

a

b

材料

豆浆……200cc
脱脂牛奶……1 小匙
抹茶粉……1 小匙
白砂糖……2 大匙
明胶粉……1/2 小匙

制作方法

① 把抹茶粉与脱脂牛奶、白砂糖混合，充分搅拌。(图 a)
② 取少量豆浆与①搅和，使白砂糖充分溶解。
③ 把明胶粉放入剩下的豆浆中化开，加热使其溶解后，加入②中。
④ 把③倒入容器中，置于冰箱冷冻室内冷冻。中途取出 2~3 次充分搅拌，使其含有空气。(图 b)
⑤ 装盘即可食用。也可按自己的喜好添加装饰。

要点

- 最佳食用期为刚做好至一周以内。
- 如果把抹茶粉换作可可粉，即可制成巧克力冰激凌。豆浆内加入红茶熬煮，即可制成红茶冰激凌。(图 c)
- 加入麦片、奶油，还可制成芭菲。

柠檬蛋糕

Lemon Cake

1/8 块　147 大卡（不包括淋汁）

柠檬风味深深融入蛋糕中，回味清爽。
淋汁散发着柠檬的香气，
甜味与酸味的配比绝佳。
优雅的柠檬甜点，与红茶最搭。

a

b

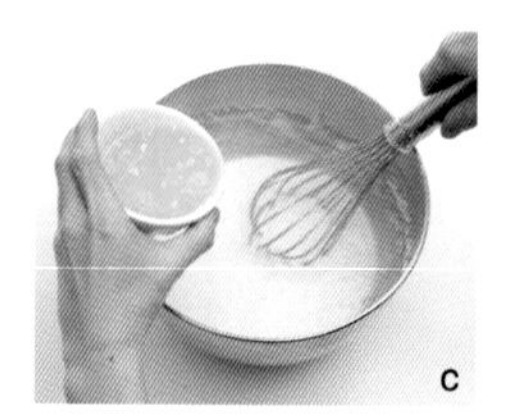
c

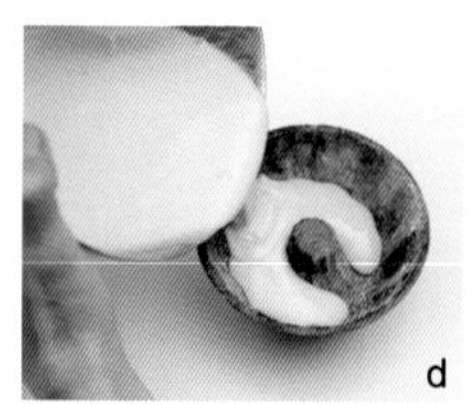
d

材料　14cm 轮状模具一次用量

豆浆……50cc
蛋清……3 个
白砂糖……100g
黄油……50g
低筋粉……100g
烘焙粉……1/2 小匙
柠檬（榨汁，把皮切碎备用）……1 个
糖粉……50g
柠檬汁……2 小匙

制作方法

① 轮状模具内壁涂好黄油，撒一层低筋粉，放入冰箱冷藏室内冷却。
② 蛋清与白砂糖混合，放入柠檬汁和柠檬皮碎，搅和。（图 a）
③ 低筋粉与烘焙粉提前筛匀，加入②中搅和。（图 b）
④ 在③中加入豆浆和融化黄油，继续搅拌。（图 c）
⑤ 把④放入冰箱冷藏室内冷却约 1 小时。
⑥ 把⑤倒入模具中，烤箱预热至 180 度，烤制约 20 分钟。（图 d）
⑦ 温度稍降后，淋汁装饰。

（淋汁的做法）
在糖粉中加入少许柠檬汁搅拌成糊状。蛋糕余热足以使糖粉融化，因此硬一点也不用担心。

要点

- 最佳食用期为次日。冷藏可保存 2~3 天。
- 制作淋汁的时候务必使用糖粉，不可使用白砂糖。

布朗尼

Brownie

1/8 块　149 大卡

巧克力味浓郁、口感厚重的布朗尼，
撒上椰丝，更添几分南国风味，
白色与褐色的对比异常炫酷。

a

b

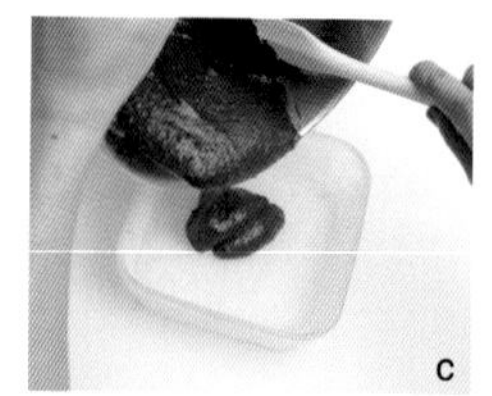

c

d

材料　20cm 正方形模具一次用量

豆浆	150cc
低筋粉	100g
可可粉	40g
烘焙粉	1/2 小匙
三温糖	40g
蜂蜜	2 大匙
色拉油	2 大匙
朗姆酒	1 小匙
椰丝	1/2 杯

制作方法

① 把豆浆、色拉油、蜂蜜、三温糖、朗姆酒混合起来。（图 a）

② 低筋粉、烘焙粉、可可粉提前混合筛匀。加入①中，充分搅匀。（图 b）

③ 在模具内壁上撒低筋粉（用量之外），把②倒入模具中，表面撒可可粉（用量之外）。烤箱预热至 180 度，烤制约 30 分钟。（图 c、图 d）

要点

- 最佳食用期是次日，冷藏保存 2~3 天。

※如果在步骤①中多加一个鸡蛋，烤好之后的口感会更硬。

PART 4 用豆渣做甜点

Using Okara.

豆渣因其简单朴素的风味赢得不少青睐，

被评价为“浓、沙”的口感。

如能在甜点材料中添加豆渣，不仅营养更充分，

而且还能给成品增加“酥脆、蓬松”的质感，

更具饱腹感。

用豆渣做
甜　点
Using Okara.

和三盆雪球

Wasambon Sugar Snow Ball Cookies

1个　64大卡

这款球形曲奇具有沙而轻的口感，
和三盆糖*的优雅甘甜恰到好处。
质感纤细的和三盆糖恰如雪粉，
请品尝入口即化的细腻口感吧！

a

b

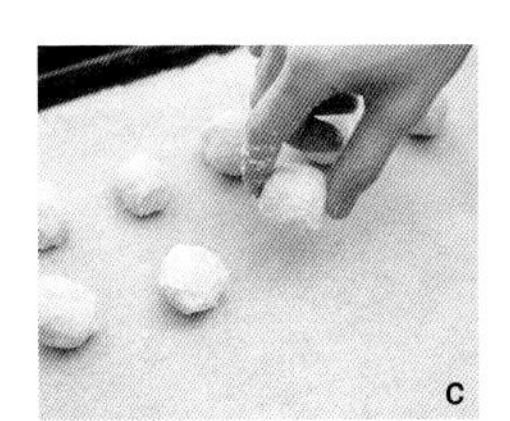
c

d

材料　约20个

豆渣粉……20g
低筋粉……130g
白砂糖……30g
和三盆糖……20g
色拉油……60g
外用和三盆糖……适量

制作方法

① 把低筋粉、白砂糖、和三盆糖混合筛匀，与豆渣粉一起放入深碗之中。(图a)
② 在①中加入色拉油，充分搅拌成团。(图b)
③ 把②团成适当大小的丸子，摆放在烤盘上，烤箱预热至170度，烤制约20分钟。(图c)
④ 温度略降后，把③放入装有和三盆糖的塑料袋里，摇晃至表面沾满糖粉后取出放凉。(图d)
⑤ 待④完全放凉后，再次在表面撒上和三盆糖粉。

要点

➲ 最佳食用期是刚做好至3~4天后。完全放凉之后可用密闭容器常温下保存。

*香川、德岛特产的一种细砂糖

瑞士卷

Swiss Roll

1/8 块　192 大卡

质感丰厚的蛋糕配上松软的鲜奶油。
量大，回感清爽。
任何时候都无法拒绝的美味，
怀旧经典甜点。

a

b

c

d

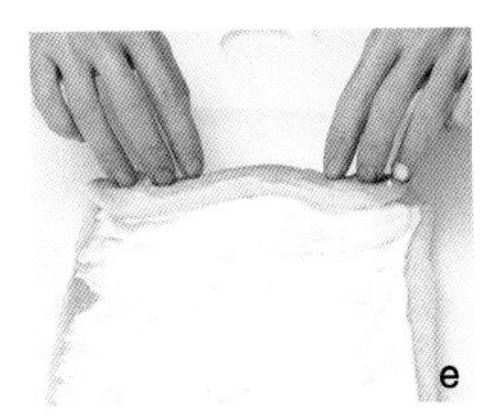
e

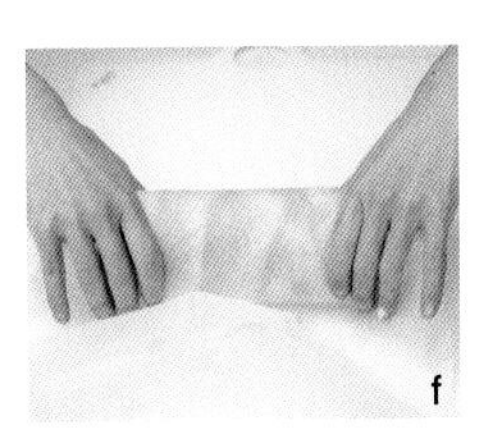
f

材料 制成后长度约 20cm 用量

鲜豆渣………………………………60g
低筋粉………………………………20g
鸡蛋…………………………………4 个
白砂糖………………………………70g
豆浆…………………………………3 大匙
色拉油………………………………3 大匙
蛋卷坯所需鲜奶油…………………100cc
奶油用白砂糖………………………30g

制作方法

① 鲜豆渣用微波炉加热，去除多余的水分后放凉。

② 鸡蛋磕开，把蛋清和蛋黄分开。4 个蛋清中加入白砂糖充分打发。（图 a）

③ 在①中加入 4 个蛋黄、白砂糖 50 克、豆浆、色拉油，充分搅匀。（图 b）

④ 在③中筛入低筋粉，同时搅拌，注意不要结成疙瘩。

⑤ 在④中分三次加入②，每次 1/3，大致搅拌。（图 c）

⑥ 烤盘上铺好烤纸，把⑤摊在上面，烤箱预热至 170 度，烤制约 15 分钟。（图 d）

⑦ 出炉之后放凉，这一过程中为防止干燥，需用保鲜膜覆盖。放凉之后，在蛋糕表面每隔 5 厘米左右用刀切个浅口，这样更易于卷起。

⑧ 鲜奶油中加入白砂糖搅拌，打发至九成。

⑨ 把⑧涂抹在⑦的中部，四边各留 1 厘米左右。靠近自己的一端多抹一些，更容易操作。铺好一张更大的烤纸，在烤纸上把蛋糕卷起。卷好之后，用保鲜膜或卷帘紧紧包好，放入冰箱冷藏室内冷却。（图 e、图 f）

要点

➲ 最佳食用期为当天。冷藏可保存一天。

用豆渣做
甜　点
Using Okara.

冰盒曲奇

Ice Box Cookies

1 块　54 大卡

玩具积木似的造型，黑白方格图案，是一款开心曲奇。
切出自己喜欢的图案时那跃动的心情也充满乐趣。
制作过程好玩，做出的点心好吃而有营养，来试试吧！

a

b

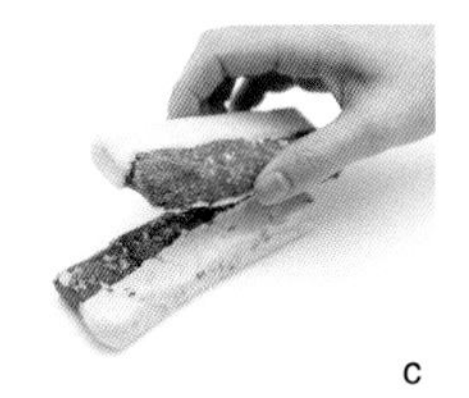
c

d

材料　25 块用量

豆渣粉……50g
低筋粉……200g
白砂糖……80g
加工黄油……100g
鸡蛋……1 个
可可粉……1 大匙

制作方法

① 加工黄油置于室温下软化后，加入白砂糖打发至蓬松发白。（图 a）
② 把鸡蛋磕开搅匀后，一点一点地加入①中，打发。
③ 低筋粉与豆渣粉混合起来，取出 110 克，加入可可粉。
④ 把②等分成两份，一份加到有可可粉的材料中，一份加到没有可可粉的材料中。分别搅拌，注意不要结成疙瘩。（图 b）
⑤ 把④中做好的两份材料分别放在案板上擀薄摊平，放入冰箱冷冻室内冷却 30 分钟。
⑥ 把⑤切成 1 厘米左右的长条，两种颜色各两条叠放成棋盘方格图案，用保鲜膜卷起再次放入冷冻室内冷却 30 分钟。（图 c、图 d）
⑦ 把⑥取出，迅速切成 5 毫米厚的薄片，放在烤盘上，烤箱预热至 170 度，烤制约 15 分钟。

要点

➲ 最佳食用期为出炉后至一周。（容器内保存）

特鲁夫

Truffle

1个　38大卡

被称为巧克力点心之王的特鲁夫，
不仅与咖啡是绝配，甚至也能与香槟搭配。
原本带着奢华色彩的特鲁夫，因为使用了
豆渣食材，瞬间变得更加健康。
撒上抹茶粉、可可粉，看上去更漂亮。

a

b

c

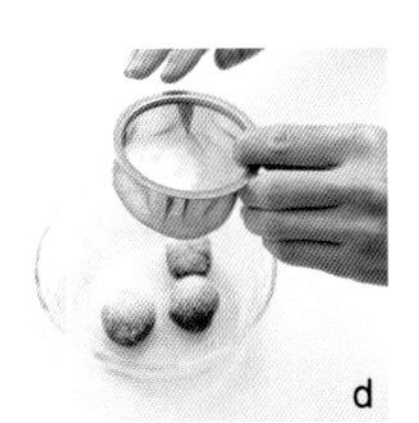
d

材料 10个用量

鲜豆渣……50g
豆浆……30cc
巧克力块……1块（约55g）
脱脂牛奶……1大匙
糯米粉……1大匙
装饰用糖粉、可可粉、抹茶粉……适量
朗姆酒……1小匙

制作方法

①鲜豆渣用微波炉加热2分钟。
②把切得极碎的巧克力加入①中，利用余热使其溶解。（图a）
③在豆浆中加入脱脂牛奶，放入糯米粉化开，再倒入朗姆酒，微波炉加热1分钟。（图b）
④充分搅拌③，直至很有黏性。如果觉得黏度不够，可以再用微波炉加热30秒~1分钟。
⑤在案板上把④摊开，置于冷藏室内冷却。（图c）
⑥把⑤团成大小合适的丸子，用茶滤网撒上糖粉、可可粉或抹茶粉。（图d）

要点

- 最佳食用期是第二天起的两天。可冷藏保存。
- 食用之前撒上各种粉，会更加美观。

甜薯糕

Sweet Potato Cake

1个 166卡

完全保留了红薯的颜色和味道，令人备感亲切。
朴素的甘甜与朗姆酒搭配在一起，是适合成年人口味的甜点。
也可使用别具一格的紫薯为原料。
盛盘时选用不同风格的容器，即可适应日式或西式场合。

a

b

c

d

材料 8个用量

鲜豆渣……150g
加热处理后的红薯……200g
鲜奶油……100cc
三温糖……50g
蛋黄……2个
黄油……30g
朗姆酒、肉桂粉……适量
香草精油……2~3滴
盐……少许
（涂刷用蛋黄液）
蛋黄……1个
水……少量

制作方法

① 把鲜豆渣、红薯、鲜奶油、三温糖、朗姆酒、肉桂粉混合起来，充分搅拌。（图a）
② 把蛋黄、室温下软化的黄油、盐、香草精油加入①中，用搅拌器充分搅拌。（图b）
③ 待②成型后，加入船形铝箔杯中，摆放于烤盘上。用少量水稀释蛋黄液，用毛刷涂在表面。（图c）
④ 烤箱预热至170度，烤制约10分钟。取出，再次涂刷蛋黄液，继续烤制5分钟。（图d）

要点

- 最佳食用期为当天和次日。
- 刚出炉时可在上面加一点奶油，也很美味。

用豆渣做
甜　点
Using Okara.

胡萝卜蛋糕

Carrot Cake

1个　183大卡（不包括装饰奶油）

淡淡的橙色，柔和的甘甜，
这是一款能带来活力的纸杯蛋糕。
直接食用非常好吃，
添加装饰奶油之后可以作为待客甜点，
一定会受到宾客的喜爱。

a

b

c

材料　纸杯蛋糕8个用量

鲜豆渣……70g
低筋粉……100g
烘焙粉……1小匙
盐……少许
三温糖……120g
鸡蛋……2个
色拉油……50cc
胡萝卜……150g
肉桂粉、朗姆酒……适量
（装饰奶油）
奶油奶酪……30g
糖粉……15g
黄油……10g
柠檬汁……少许

制作方法

① 低筋粉、盐、烘焙粉、肉桂粉混合筛匀。
② 在深碗中磕入鸡蛋，放入色拉油，胡萝卜切成适当大小，用搅拌器打成泥状。（图a）
③ 在②中按三温糖、朗姆酒、豆渣的顺序加入，每加一样都要搅匀一次。
④ 把①加入③中搅和，注意不要结成疙瘩。（图b）
⑤ 把④倒入模具中，烤箱预热至170度，烤制约25分钟。
⑥ 把装饰奶油的材料全部混合在一起，用搅拌器充分搅匀，等⑤完全放凉之后，用挤花袋挤花装饰。（图c）

要点

➲ 最佳食用期为当天至次日。
➲ 在步骤④，可根据自己的喜好加入水果干或坚果。

焙茶饼干

Roasted Green Tea Biscotti

1 根　48 大卡

在脆脆的口感中，
最大限度地保留了豆渣的原本味道。
焙茶带来的香与色使这款甜点色香味俱佳，
越吃越有味。

a

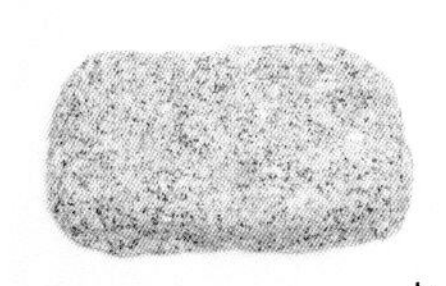
b

c

材料　10 根用量

鲜豆渣……90g
低筋粉……80g
白砂糖……30g
焙茶煮出的浓汁……50cc
焙茶叶……6g
寒天粉……2g

制作方法

① 鲜豆渣用微波炉不加盖加热 2 分钟，沥干水分，放凉。
② 低筋粉、白砂糖、焙茶叶、寒天粉混合筛匀，加入①中混合。（图 a）
③ 把焙茶浓茶汁加入②中混合。如不足以和成面团，可加水补足。
④ 把③压扁成长方形，烤箱预热至 180 度，烤制约 15 分钟。（图 b）
⑤ 从烤箱中取出，切成薄片，摆放在烤盘上再放回烤箱。（图 c）
⑥ 单面烤 15 分钟后翻面，再烤 15 分钟。

要点

➲ 最佳食用期为出炉后，用容器保存可存放一周。

醪糟蛋糕

Sake Lees Cake

1/8块　186大卡

幽幽传来的醪糟香气，质感糯糯的蛋糕，
配上丰厚的红豆，口感更佳。
不爱吃醪糟的人也可能爱上它，
一转眼就吃光哦！

a

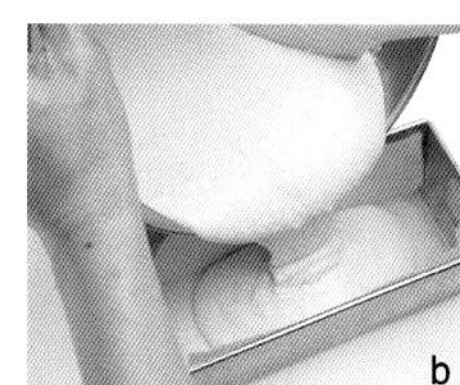

b

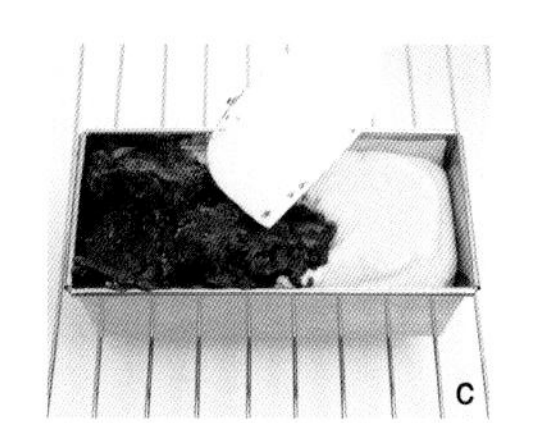

c

材料　15cm方形模具一次用量

鲜豆渣……150g
低筋粉……70g
白砂糖……60g
脱脂牛奶……1大匙
烘焙粉……1小匙
玉米淀粉……1/2大匙
盐……少许
醪糟……70g
鸡蛋……1个
豆浆……200cc
煮红豆……200g
寒天粉……1小匙

制作方法

① 鲜豆渣用微波炉加热，沥干水分。
② 把除了红小豆、寒天粉之外的所有材料放在深碗中，轻柔搅拌。（图a）
③ 模具中铺好烤纸，把②倒入模具中，烤箱预热至170度，烤制约15分钟。（图b）
④ 取出③，把拌匀的红小豆与寒天粉铺在上面。盖好铝箔以免红小豆烤焦，继续烤制10分钟。（图c）

要点

➲ 最佳食用期为次日，冷藏可保存2~3天。

巧克力挞

Chocolate Tarte

1/12 块　209 大卡

巧克力挞，充分保留了可可粉沉稳、浓郁、深沉的香味，味道丰富。
同时可给餐桌添彩，存在感十足。

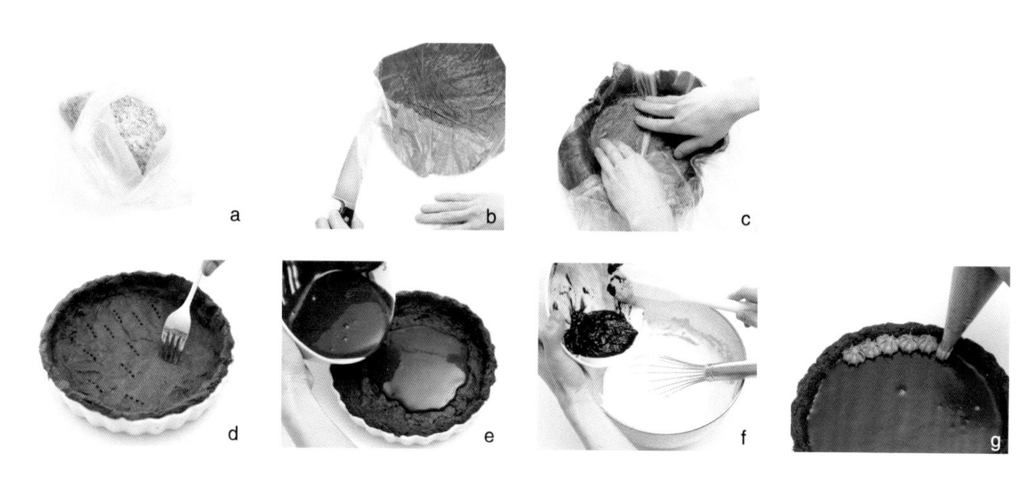

材料　直径 18cm 模具一次用量

（挞皮）

豆渣粉……10g
低筋粉……80g
可可粉……20g
白砂糖……40g
蛋黄……1 个
色拉油……50g

（馅料）

巧克力板……100g
豆腐……40g
鲜奶油……70g
朗姆酒……少许

（牛奶巧克力酱）

牛奶巧克力……50g
豆腐……40g
鲜奶油……70g
朗姆酒……少许

制作方法

（挞皮）

① 模具内涂抹黄油，撒上低筋粉，放入冷冻室冷却。
② 低筋粉、可可粉、豆渣粉混合筛匀，放入塑料袋内，加入充分搅匀的蛋黄、白砂糖、色拉油。（图 a）
③ 把②混合均匀，连袋放入冰箱冷藏室内放置 30 分钟。
④ 隔着袋子把面团擀开，剪开袋口，取出面饼。（图 b）
⑤ 把模具扣在④上，迅速翻转，按压面饼使其与模具底部服帖。（图 c）
⑥ 用叉子均匀叉孔，烤箱预热至 180 度，烤制约 15 分钟。连同模具一起放凉。（图 d）

（馅料）

① 用搅拌器把豆腐与鲜奶油充分搅匀，在不沸腾的状态下用锅加热，关火。
② 把切碎的巧克力放入①中，利用余热使其溶解，加入朗姆酒充分搅拌，倒入挞皮中，放入冷藏室内冷却至凝固。（图 e）

（牛奶巧克力酱）

① 把切碎的巧克力加热至融化，加入完全沥干水分的豆腐和朗姆酒，轻柔搅拌。
② 另取一深碗，鲜奶油打发至八成后，把①逐量加入其中掼打。（图 f）
③ 把②装入挤花袋中，冷藏，食用之前将其挤到馅料之上。（图 g）

要点

➲ 最佳食用期为当天至次日。